AF586594

PIERRE

L'AGRONOMIE

MILITAIRE

A L'EXPOSITION UNIVERSELLE

CENTENAIRE DE 1889

DÉPOT

LIBRAIRIE LECAMPION

2, Passage du Saumon, 2

PARIS

J'émets une idée, appuyée de considérations générales, au milieu des difficultés et des questions qui agitent mon pays.

Ancien élève d'une école primaire de village, inconnu et perdu dans la foule, je prie mes lecteurs d'excuser le style décousu, imparfait et parfois brutal de cette brochure.

PIERRE

Avril 1885.

L'AGRONOMIE MILITAIRE

A L'EXPOSITION UNIVERSELLE

CENTENAIRE DE 1889

L'agriculture est née avec le monde et l'histoire de ses premiers essais se perd dans la nuit des temps, car l'homme primitif, en reconnaissant parmi les plantes celles qui flattaient le plus son odorat et convenaient le mieux à ses aliments, a dû avec son intelligence native, rechercher les mystères de la reproduction. Les légumes furent probablement favorisés de sa préférence et la légende a transmis jusqu'à nos jours l'échange du plat de lentilles de Jacob contre le droit d'aînesse de son frère Esaü.

Les besoins se sont agrandis à mesure que les hommes se sont groupés et constitués en sociétés, puis ces sociétés se visitant entre elles ont commencé les échanges.

Enfin plus ces visites et échanges ont été fréquents, plus les hommes naturellement passionnés, avides de bien-être et de richesses; fiers, altiers, orgueilleux et insatiables de désirs, d'émulation et de sciences, ont développé l'agriculture.

Les Egyptiens, les Grecs et les Romains nous apparaissent tout d'abord, exportant l'excédant de leurs produits agricoles. Les bénéfices de ces exportations durent aider considérablement à l'extension de leur agriculture, et c'est ainsi que s'explique dans les temps anciens, les richesses de l'Egypte, de la Sicile et du nord de l'Afrique.

Dans cet enfantement de l'agriculture, c'est à peine si l'on distingue la Gaule; c'est que par sa situation géographique elle était plutôt un pays à se défendre que disposé à tirer parti de la fertilité de son sol.

Les Gaulois nomades et errants, ne cultivaient que pour se nourrir là où ils s'arrêtaient. La vigne leur était inconnue et leur boisson n'était autre qu'un liquide provenant de la fermentation de diverses graines.

C'est seulement après la conquête des Romains que les Gaulois devenus plus sédentaires, se mirent sérieusement à cultiver la terre en imitant précisément les méthodes de leurs vainqueurs. Ils plantèrent la vigne dans le Vivarais, l'Auvergne, la Franche-Comté, etc., etc., et partout ils semèrent le blé, le seigle, l'orge, l'avoine, le sarrazin, le millet.

L'agriculture ne demandait déjà qu'à être aidée dans ces puissants débuts, mais la Monarchie survint et le labeur du cultivateur ne devait plus profiter qu'au seigneur. C'est dans une lutte inouïe, effroyable, que l'Agriculture a traversé les siècles jusqu'à la Révolution.

Les Francs, exclusivement guerriers, ne s'occupaient que très-peu des travaux des champs qu'ils abandonnaient à leurs femmes, afin de s'enrôler sous la bannière d'un chef reconnu intrépide; ils ne possédaient pas du reste la propriété du sol : des parties de propriété leur étaient seulement données pour un an: ils n'avaient de patrimoine qu'un morceau de terre dans lequel ils bâtissaient une cahute pour abri, quand ce n'était pas un antre creusé dans le sol.

Ce patrimoine n'appartenait qu'aux mâles, et lorsqu'ils venaient à manquer, il passait en d'autres mains.

Les Francs se divisaient en trois classes :

1° Les hommes libres par excellence, c'est-à-dire les puissants seigneurs et maîtres, dont les terres étaient saliques;

2° Les hommes libres, de conditions inférieures, au service des premiers en toutes fonctions, ou exerçant des métiers;

3° Les esclaves, sorte de colons attachés à la glèbe domaniale du propriétaire et traités par celui-ci selon ses caprices, son tempérament, son plus ou moins d'éducation ou d'humanité.

Dans ces conditions, l'agriculture ne devait pas être longtemps sans perdre les connaissances acquises par les méthodes romaines. Elle était en effet dans le plus profond dépérissement quand survinrent les moines, seuls restés possesseurs des traditions. Plus de cinq cents associations monastiques ne tardèrent pas à couvrir la surface de la France, mais les pauvres paysans n'en restèrent pas moins taillables et corvéables à merci, et, sans profit pour eux, ils emplissaient les couvents de blés et de troupeaux.

Vers le sixième siècle, le clergé réclama la dîme, au nom des Livres saints sans doute, et plus tard, Charlemagne en décréta l'organisation générale. C'est de cette époque que date la classification des Français en :

Suzerain, qui possédait un fief, dont d'autres fiefs relevaient;

Seigneur, sur la propriété duquel vivaient les serfs et les vilains;

Serf, soumis à son seigneur et attaché à sa terre;

Vilains, cultivateurs libres, non propriétaires, soumis à la taille, à la corvée, au for mariage, à la main-morte, etc.

L'époque des Croisades amena fortuitement un peu d'amélioration dans la condition des serfs et vilains : les seigneurs qui partaient pour les Lieux-Saints, préférèrent un revenu en argent; aussi, autorisèrent-ils la vente directe des produits par leurs serfs et vilains. Ceux-ci s'en firent de petits profits qui les aidèrent à acheter leur liberté; enfin quelques Chartes d'affranchissement abolirent, de nom, la servitude.

La plus libérale de ces Chartes était assurément celle de Lorris-en-Gâtinais, établissant le cens à six deniers pour une maison ou un arpent de terre, supprimant tous les droits ou impôts extraordinaires prélevés par le Crieur et le Guetteur à l'occasion des mariages, défendant aux prévôts d'Etampes, de Pithiviers et des villes du Gâtinais de ne rien exiger, même à titre d'amende, des habitants de la paroisse; établissant seulement une redevance en nature d'une hémine de seigle à l'époque des moissons, aux agents du prévôt royal, pour tout cultivateur se servant d'une charrue, et la réduction des tailles à quatre deniers.

En 1358, éclatait la Jacquerie, formidable insurrection des paysans contre la noblesse, à l'occasion des réformes proposées par Étienne Marcel et que la noblesse repoussait (droit de chasse et juridiction des eaux et forêts).

Cette insurrection, après diverses alternatives très-sanglantes à Meaux, Ermenonville et Senlis, fut enfin vaincue et la noblesse ne perdit aucune de ses prérogatives.

Après la guerre contre les Anglais, Charles VII, voulant bien se rappeler du courage déployé par la population agricole et des services qu'elle rendit à sa royauté, fit protéger les paysans par des Compagnies d'Ordonnances et par les Francs-Archers.

La Féodalité ayant à peu près disparue sous les règnes précédents, sous cette protection les paysans n'eurent plus à en redouter le retour.

Charles VII ordonna aussi la rédaction des Coutumes et obligea les seigneurs à établir des papiers terriers. Ce sont les premières assises de la propriété foncière d'où devaient partir successivement avec chaque époque toutes les évolutions en matière de droit immobilier.

Mais quelle que fut la sollicitude du roi pour les populations, il ne pouvait empêcher que partout en France, les évêques et le clergé fussent les maitres; plus encore que les seigneurs, ils pesaient sur l'agriculture par une quantité innombrable de droits et de redevances : ils étaient à leur plus puissante période monacale : maitres dans leurs abbayes et monastères, la justice se rendait en leur nom, leur cohésion était telle que souvent la volonté du roi se brisait contre leurs privilèges. Tout ce qui pouvait tenir à l'existence de la société organisée payait un tribut au desservant de la paroisse : Baptême, communion, confession, pénitence, messe, fiançailles, mariage, extrême-onction, enterrement, offrandes à la messe, des premiers nés, des premiers fruits, dimes des récoltes et des animaux, bénédictions du lit nuptial, des mariés, des lendemains de noces, des champs, des jardins, des puits, des fontaines, de la besace du voyageur, des raisins, des fèves, des cuves, des agneaux, du fromage, du lait, du miel, du sel, des armes, des épées, des poignards, des femmes enceintes et de leurs relevailles, de la dentition des enfants, etc.

Partout dominait l'ignorance et l'obscurantisme et quiconque cherchait à démontrer la plus petite découverte était exécuté comme sorcier.

La conséquence d'une pareille époque fut le rachitisme avec son funèbre cortège de famines et de maladies pestilentielles. A Paris, en 1374 et en 1399, plus de 50.000 personnes moururent et autant en 1418 et 1438.

Que devaient donc être dans les provinces ces épouvantables calamités?... Si l'histoire en est inconnue, que d'attestations par les dénominations conservées jusqu'à nos jours de lazareries et maladreries, des chemins des morts et des pestiférés!...

Les agriculteurs furent un peu plus heureux sous Louis XI : les grands vassaux eurent plus d'égards pour les paysans, par crainte de leur roi en guerre ouverte contre eux.

Sous Charles VIII, les Etats-Généraux tentèrent en vain la suppression de la taille : « Non », avait dit un très-puissant noble, « le vilain doit connaître la sujétion et non la liberté. »

L'agriculture fit réellement quelques progrès sous Louis XII, surnommé le Père du Peuple :

Presque tous les servages furent détruits par la révision des coutumes, les ordonnances générales et le rachat des rentes seigneuriales.

Vinrent les guerres de religion, pendant lesquelles les agriculteurs délaissèrent encore le travail du sol. Ces guerres mirent une certaine perturbation dans la propriété foncière, elles désorganisèrent surtout les fortunes monastiques obligées aux frais de la défense, puis, selon les alternatives des luttes engagées, une partie de ces fortunes fut acquise par les vilains et les serfs qui devinrent propriétaires.

Henri IV, après le combat de Fontaine-Française mit fin à ces guerres fratricides en signant la paix de Vervins, en promulguant l'Edit de Nantes et en prenant les protestants sous sa protection.

De ce temps commence la fortune agricole de la France qui trouve son affirmation dans les immortelles paroles de Sully : « *Labourage et pâturage, voilà les deux mamelles de la France* » ; et aussi dans les mots légendaires de Henri IV, qui voulait que le paysan pût mettre la poule au pot tous les dimanches.

Une immense impulsion fut donnée à l'agriculture ; pour la première fois, quelques esprits supérieurs comprirent que la richesse du pays résidait dans le développement de l'agriculture. Olivier de Serres communiqua ses méthodes et le gouvernement concluait avec les Hollandais, les grands navigateurs de l'époque, un traité de commerce, leur accordant toutes facilités d'enlever nos produits pour l'exportation. Ces dispositions gouvernementales favorisèrent immensément les paysans, devenus presque libres ; ils purent étudier, comparer, acqérir des connaissances pratiques et même ils purent s'enrichir.

Mazarin vint au pouvoir : et avec ce ministre, il se fit encore un temps d'arrêt dans la prospérité agricole, ayant pour cause les impôts exorbitants qu'il fit prélever et par les exactions de toutes sortes que subirent les cultivateurs.

Les troubles de 1630 et 1632 et la misère la plus poignante vinrent s'appesantir sur la France et avec ces malheurs, les apanages ordinaires de famines et de maladies.

Désorganisation absolue et décadence complète de notre agriculture : tel est le bilan de ce ministère, et l'on peut se demander comment pouvaient vivre nos malheureux pères sous le poids du soldatesque pillage et de tous les impôts :

Droit de prise : permettant aux seigneurs de prendre tout ce dont ils avaient besoin ;

Cens : redevance foncière en argent ;

Champart : vingtième des récoltes ;

Taille seigneuriale ;

Brennage : impôts en grains pour la nourriture des meutes seigneuriales ;

Corvées : travaux au profit du seigneur ;

Dîmes du clergé, ou budget ecclésiastique ;

Impôts royaux sous de multiples dénominations ;

Gabelle : impôt sur le sel;

Cartelage : droit du seigneur au quart de la récolte en vin ;

Vinage : corvée exigée pour les vignes du seigneur;

Banvin : droit du seigneur de vendre seul pendant quarante jours;

Le Gros : impôt de un sol et six deniers par livre;

Le trop bu : amende imposée pour déclaration inexacte de vente;

Subvention à l'entrée : droit payé aux provinces;

Les anciens et nouveaux cinq sols.

Sans compter les autres droits qui existent encore de nos jours, comme :

L'annuel de patente pour le commerce des boissons;

Les entrées ou droits payés aux grandes villes.

Les contraventions étaient punies d'une amende de cent à mille livres, du fouet, du bannissement, des galères, de la confiscation de partie ou totalité des biens.

Les paysans muraient leurs victuailles et enfouissaient leur argent.

Colbert, le grand ministre de Louis XIV, fit de louables efforts pour encourager l'agriculture, mais en reportant son génie sur le commerce et l'industrie, desquels, selon lui, découlait la prospérité agricole, il faisait fausse route : car ainsi que l'avait si bien compris Sully, c'est le commerce et l'industrie qui dépendent de la richesse agricole; aussi les agriculteurs restaient-ils aussi pauvres que devant, sous le règne du soi-disant Grand-Roy.

Sous le règne corrompu de Louis XV, quelques penseurs essayèrent vainement de ramener les gouvernants aux idées agricoles.

A la licence des mœurs et à la banqueroute de Law, qui eut pour l'agriculture des conséquences funestes, venait s'ajouter le Pacte de Famille, association d'agioteurs sans pudeur, dont le roi faisait partie et dont le but principal était l'exploitation des produits du sol par l'accaparement.

Les esprits étaient montés, une colère sourde s'était emparée de la population, partout on ressentait, ou mieux, on respirait dans l'air une fin prochaine de toutes les iniquités passées.

A l'avènement de Louis XVI, il était déjà trop tard pour tenter n'importe quel palliatif; puis le nouveau roi était trop incapable pour réagir contre les agioteurs et les spéculateurs dudit Pacte de Famille, qui, au mépris de tous, continuaient leur infâme métier: aussi Turgot échoua-t-il dans ses plans d'économie publique au profit de l'agriculture.

Alors les événements se précipitèrent :

La guerre des Farines;

Le serment du Jeu de Paume:

Le cri retentissant de Mirabeau : « Allez dire à votre Maitre que nous sommes ici par la volonté du Peuple et que nous n'en sortirons que par la force des baïonnettes. »

La chute de la prison d'Etat la Bastille, sous la généreuse colère du Peuple, enfin le retour de la famille royale à Paris ramenée de Versailles par la population demandant du pain.

« Nous ramenons le boulanger, la boulangère et le mitron », disait Maillard.

La Monarchie française avait vécu!

II

Le rôle de l'auteur et le cadre de cette brochure ne permettent pas de s'étendre sur cette époque héroïque et humanitaire de la Révolulion Française, unique dans l'histoire des peuples.

A partir du 14 juillet 1789, Louis XVI est aux prises avec les voies et moyens de maintenir la monarchie française contre son peuple, sinon entièrement mûr pour les libertés publiques, du moins apte à profiter avantageusement de son affranchissement : quoi que fît donc le roi et si généreuses que puissent être ses intentions, il ne pouvait plus remonter le courant de l'esprit d'émancipation qui animait la population française.

Au commencement du règne, Turgot avait fait décréter et ordonner :

La liberté du commerce des grains;

La suppression à Paris de plus de trois mille chargeurs et rouleurs de grains, maîtres des prix;

La répartition équitable de la taille;

La construction des routes pour l'exploitation agricole;

Le dégrèvement de la taille en raison des pertes du bétail et des récoltes;

La suppression de la taxe sur les bestiaux;

L'éducation pratique des laboureurs;

L'extension de la culture des pommes de terre et des prairies artificielles;

L'abolition des monopoles, pour la vente, l'achat et la mouture des blés, de la corvée, des maîtrises, jurandes, etc.

Il échoua devant la réaction du clergé et surtout de la noblesse, qui, pas plus qu'aujourd'hui, ne voulait désarmer malgré les terribles leçons de l'histoire, et cette réaction était si violente que les magistrats firent brûler une brochure de Voltaire contre la corvée. Celui-ci écrivait, à la chute de Turgot : « Ah! quelle nouvelle j'apprends, la France aurait « été trop heureuse.—Que deviendrons-nous? Je suis atter- « ré! Je ne vois plus que la mort devant moi depuis que « Turgot est hors de place. Ce coup de foudre m'est tombé « sur la cervelle et sur le cœur! »

Malesherbes, le bon et bienveillant Malesherbes, ne put rien contre cette réaction.

Necker, après Turgot et Malesherbes, tenta de supprimer la main-morte et le servage des domaines royaux, ainsi que les bénéfices scandaleux des fermiers-généraux. Comme ses prédécesseurs, il dut disparaître devant la même réaction.

Colonne ne fut pas plus heureux.

M. de Brienne ne put faire enregistrer, par le parlement, l'impôt territorial, la suppression des corvées et la libre circulation des grains, votés par une assemblée de notables.

Cependant, les Etats-Généraux purent être convoqués par

Necker rappelé au pouvoir : ils proposèrent de supprimer le servage, la main mortable, les juridictions communales et le droit exclusif de chasse, de colombiers et de garennes.

C'est la seule perspective que laissait au progrès agricole, la fin du règne de Louis XVI.

Une Assemblée Constituante avait proclamé la déclaration des Droits de l'Homme. L'Assemblée Nationale qui lui succéda s'occupa enfin de l'agriculture en même temps que des réformes économiques, politiques et sociales. Elle abolit toutes les entraves de la propriété et de ses produits, telle que taille personnelle et réelle, vingtième, capitation, dîmes et généralement toutes les impositions de monopole et de privilège. Elle réunit les biens des couvents et du clergé, c'est-à-dire le cinquième environ du territoire Français, à ceux de la couronne sous la dénomination de domaines nationaux. Elle vota la liberté du commerce des grains et de tous les autres produits agricoles et elle affranchit le sol de toutes prohibitions héréditaires.

Il y eut alors dans nos campagnes une émulation extraordinaire et indescriptible : c'était à qui de posséder et d'acquérir, lorsqu'une grande partie des biens nationaux fut mise en vente par division et morcellement.

Nos agriculteurs ne purent cependant profiter des avantages fonciers, acquis pendant les années de troubles civils et nationaux qui suivirent. Ils durent subir les lois de salut public d'abord, et les erreurs de nos jeunes et bouillants législateurs ensuite, comme par exemple, celle du maximum du prix des denrées.

L'agriculture ne prit réellement son essor que sous le Directoire : elle produisait et elle espérait des lois à l'étude, comme sur la prochaine mise en vigueur du Code Civil.

Mais il était écrit que notre pauvre France, si courageuse, industrieuse et productive devait lutter encore bien longtemps pour asseoir définitivement sa société nouvelle.

Voici un soldat ambitieux qui, se parjurant au dix-huit brumaire, volera toutes les libertés et les droits si péniblement conquis, et pendant longtemps il faudra donner à cet homme toutes nos sueurs, toutes nos économies, toutes nos forces vives. Il conduira nos enfants les plus robustes à travers toute l'Europe pour satisfaire son insatiable ambition; pour assurer sa dynastie et placer ses frères sur des trônes, des millions d'hommes iront périr dans tous les pays du continent.

Pendant le Consulat et l'Empire, disons-nous donc, l'agriculture privée de ses bras les plus solides et écrasée par les charges militaires, n'a pu faire profiter son sel de la législation votée par le Directoire et la Convention; elle n'a pu prendre aucun enseignement théorique et pratique et elle ne s'est soutenue que par la routine particulière à chaque contrée et par les vieilles méthodes locales.

Ne laissons pas cependant passer le Consulat et l'Empire sans mentionner la promulgation du Code Civil élaboré sur les cahiers des Etats-Généraux.

Après Waterloo, la France, moins nos provinces Rhénanes et la Belgique, se retrouve sous la monarchie héréditaire et le milliard des émigrés en plus. Le calme relatif renaît, les esprits, du reste, avaient besoin de se reposer des évènements sanglants qui venaient de se passer et ils se recueillaient pour se modeler sur l'état de la société nouvelle sortie de la Révolution.

Sous les règnes de Louis XVIII et de Charles X, deux grands agronomes surgirent : Mathieu de Domballe, à la ferme de Roville, et Bella, à sa ferme de Grignon; quelques élèves se formèrent autour d'eux qui eux-mêmes, un peu plus tard, purent démontrer aux paysans les moyens pratiques et théoriques de sortir des vieux usages.

L'agriculture commença à progresser d'elle-même sous Louis-Philippe. Pendant les quinze années de paix qui venaient de s'écouler, la campagne avait fait des économies, elle pouvait augmenter son bétail et son matériel agricole. On étendit les terrains cultivables par des défrichements et des déssèchements. Les enfants, dans chaque commune, pouvaient fréquenter l'école et s'instruire. Sous ce règne, on commence à percer les routes et à construire les premiers chemins de fer. Les gouvernants, cependant, s'occupèrent peu de l'agriculture; adoptant l'erreur de Colbert, qui crut que l'agriculture découlait du commerce et de l'industrie, Guizot dit à la tribune : « Enrichissez-vous. »

A la fin du règne, les accapareurs, recommençaient le même trafic sur les grains que celui qui s'était passé sous Louis XV et Louis XVI. En 1846 et 1847 le blé, récolté en abondance et circulant à pleins bateaux valut jusqu'à quatre-vingt-dix francs l'hectolitre et demi. Il y eut de nombreuses émeutes, les esprits étaient montés et à l'occasion d'une loi sur le cens électoral, la Royauté sombrait une fois de plus.

Le 25 février 1848, tous les Français étaient égaux devant la loi et l'urne électorale.

Malgré l'enthousiasme que suscitèrent ces évènements, les esprits n'y étaient pas préparés et ceux-là même qui les avaient fomentés se trouvèrent étonnés au milieu d'un peuple dont l'éducation politique était encore à faire.

D'habiles meneurs firent mirer à la masse encore inconsciente de l'importance de ses votes, un nom pour la présidence de la République : Louis-Napoléon Bonaparte fut élu à cette présidence, et trois ans plus tard, violant tous ses serments à la République et à sa Constitution, il s'emparait du pouvoir en emprisonnant les représentants du peuple, en mitraillant les populations et en envoyant en exil environ 30.000 citoyens qui n'avaient d'autre tort que d'avoir l'âme haute et fière et d'être l'élite de l'intelligence française.

C'est ainsi que cet homme, plus connu par ses débauches en Angleterre que par ses mérites, et qui devait à la volonté de Napoléon Ier (par crainte de scandale), d'être un enfant légitime, a gouverné la France pendant vingt ans, mais nous l'avons dit, nos populations agricoles pouvaient déjà prospérer d'elles-mêmes ; possédant plus d'instruction, aidées de la science, d'outillages plus perfectionnés et surtout de plus grands moyens de communications, elles purent réaliser de réels bénéfices.

Les bruits de guerre retentissent, le clairon sonne et le canon gronde. Nos enfants sont encore appelés à aller défendre une dynastie aux abois, et une fois de plus, nous allons apprendre ce qu'il en coûte à un peuple de confier ses destinées à un seul homme.

C'est le désastre et la dévastation : notre armée est battue et livrée prisonnière. Le Chef de l'Etat apparait dans toute sa hideur et sa nullité à la France stupéfaite : il traverse des monceaux de cadavres et enjambe des ruisseaux de sang, en fumant son cigare, pour se rendre à son frère d'Allemagne. Le pays est envahi par un ennemi impitoyable et c'est par la perte de l'Alsace et de la Lorraine et une indemnité de cinq milliards que nous obtenons la paix.

Ah ! nos pères et nos oncles, ne nous dites plus avoir voté pour l'Empire sans vous voiler la face !

Français ! rappelons-nous de Waterloo !

Rappelons-nous de Sedan ! !

Un Anglais a dit que la France pourrait acheter le Monde si elle était sans guerre et sans révolution pendant cinquante ans. Nous sommes tentés de le croire, car réellement nous renaissons de nos cendres ; il n'est pas d'époque et de temps où l'agriculture ait été aussi prospère que de 1872 à 1880. Mais depuis plusieurs années nous traversons une crise sérieuse dont nous étudions plus loin les causes.

Compétiteurs monarchiques vous profitez de cette crise pour conspirer et battre scandale dans nos campagnes ; mais à la gloire du gouvernement actuel, il y a des remparts maintenant, que vous ne pourriez ni ne sauriez franchir et qui sont : l'Institut National Agronomique, le Ministère de l'Agriculture, le droit d'association, l'institution des syndicats, la liberté de la presse et surtout l'instruction laïque, gratuite et obligatoire à l'aide de laquelle s'avance une nouvelle génération pendant que celle actuelle tient le gouvernail avec vigilance.

Messieurs de la particule, venez à nous et ne vous exposez pas à figurer dans la grande cavalcade historique de dix-neuf cent, comme y figureront assurément vos aînés de Coblentz.

III

Les deux courants de l'opinion publique sont toujours en présence sur ces questions :

L'agriculture est-elle l'élément naturel de l'industrie et du commerce ?

L'industrie et le commerce ne sont-ils pas les promoteurs de l'agriculture?

Il est utile de se prononcer définitivement par ce chapitre.

Il faut bien partir de cette vérité, que le premier marché commercial a été fait entre deux hommes et que l'objet de ce marché a été un produit du sol; ce produit ayant été rémunérateur, le producteur l'a étendu d'abord sur une plus grande surface, et telle ensuite, que ses forces sont devenues insuffisantes pour transporter et échanger ces produits : alors il s'est ingénié à fabriquer et façonner de grossiers véhicules; il s'est en conséquence attaché davantage à la partie de terre où il est né et où il a travaillé; il a recherché de plus en plus toutes les ressources que cette partie de terre pouvait lui procurer. Un outillage plus commode lui est alors devenu nécessaire et c'est naturellement à ce moment-là que l'industrie apparaît pour inventer et perfectionner de nouveaux objets aratoires.

C'est un industriel qui a dû fabriquer la charrue du dictateur romain Cincinnatus; que ce grand homme ne dédaignait pas conduire lui-même.

Si peu agriculteurs que furent les Gaulois, ils durent bien aussi recourir à l'industriel pour la charrue à roues et le tamis dont ils se servaient.

Successivement les hommes cultivèrent les racines, les grains, les bois de chauffage et de construction, et successivement aussi le commerce des échanges et l'industrie les aidèrent par de nouveaux outillages et des voies nouvelles de vente et d'écoulement.

Ils élevèrent des bêtes à laines et de ces laines l'industrie et le commerce tissèrent et échangèrent des étoffes.

Ils domptèrent le cheval à l'usage domestique et pour utiliser ses forces l'industrie et le commerce leur fabriquèrent et vendirent les premiers chars roulants.

Les besoins d'objets d'utilité devenant plus grands, l'industrie construisit des cabanes, puis des maisons ; des celliers, des étables, des granges, des hangars. Des briques, des tuiles, des ardoises, furent fabriquées et échangées ou vendues.

Aux objets d'utilité suivent ceux d'agrément et de luxe et l'industrie et le commerce fabriquent et livrent des meubles, des vêtements plus riches, des bijoux d'or et d'argent, ornés de pierreries.

On ne peut contester que c'est à l'immense production du sol de la Grèce, de la Sicile, de l'Egypte et du nord de l'Asie et de l'Afrique que l'industrie se livra à la construction des nombreux bateaux marchands qui sillonnèrent le monde alors connu.

Plus tard les producteurs cultivèrent la garance, le guide, le genêt, le fuitel, desquels l'industrie extrayait les teintures pour les étoffes.

Au fur et à mesure de la prospérité agricole, l'industriel fabriqua le savon, la potasse de cendres, la tonnellerie et perfectionna l'art du charonnage.

Toujours l'industrie suit le mouvement agricole, de plus en plus scientifique, elle lui fait des moulins pour son grain, des barates pour son beurre, des terrines pour ses salaisons, etc.

Les Bretons deviennent exportateurs des produits de leur sol et aussitôt l'industrie leur fournit des bateaux nécessaires au chargement des laines, des toiles, du lin, du chanvre, des salaisons, des fromages, des peaux, des cuirs, des bois, des savons, du froment, du seigle, de l'orge, du sarrasin, du millet, des oies, des chevaux et des troupeaux de moutons.

L'agriculture en s'agrandissant a besoin de voies de communications plus nombreuses et l'industriel toujours à la remorque lui ouvre des routes et jette des ponts sur les fleuves.

C'est par les bénéfices des agriculteurs que sont construits des cités et édifiés des monuments publics.

Et ainsi se sont succédés jusqu'à nos jours les évolutions agricoles et industrielles, commerciales et scientifiques, avec les produits toujours plus considérables, les découvertes nouvelles et la prospérité de l'agriculture.

C'est l'agriculture qui produit la matière première aux papeteries et comme conséquence à l'imprimerie, l'admirable découverte de Gutenberg en 1436.

C'est encore elle qui alimente nos manufactures de soieries, de draperies et de tous les tissus.

Elle nous donne les plantes tinctoriales, médicinales et pharmaceutiques.

C'est du sol que proviennent les bois dont sont construits nos navires et ceux servant à nos charpentes de toitures, à nos ameublements et à une quantité innombrable d'objets de haute utilité et de fantaisie.

Ce sont bien les produits du sol qui s'échangent par la navigation, entre tous les pays du monde, qui encombrent nos ports, nos quais et nos gares de chemin de fer et qui emplissent nos magasins commerciaux.

Les établissements métallurgiques et le travail des métaux même ne sont-ils pas nés de l'agriculture, de ses produits, de ses besoins et de sa prospérité?

Si nous possédons et habitons de belles maisons, si nous édifions de somptueux palais et si nous élevons des statues à nos grands hommes, c'est bien avec les bénéfices que l'agriculture a procurés par son développement et par le travail qui en est découlé dans toutes les branches du commerce et de l'industrie.

Nos poëtes et nos artistes chantent, peignent, sculptent et allégorisent les champs et les bois, les oiseaux et les fleurs.

Toutes les découvertes du genre humain ont pour point de départ et pour objectif le sol, ses multiples productions et l'éducation des producteurs.

L'imprimerie, pour propager l'instruction.

La poudre, le canon et les armes, pour la défense du patrimoine commun.

La navigation, pour les échanges commerciaux et la protection lointaine de nos colons et de leurs propriétés.

La vapeur, pour rapprocher les distances et l'électricité pour les supprimer.

L'astronomie accorde toute sa science à l'influence des astres sur la végétation de notre planète.

La chimie, décompose les plantes et les principes nutritifs du sol et du sous-sol.

L'agronomie embrasse toutes les sciences qui dérivent de la végétation.

C'est pour faciliter l'échange de tous les produits de la terre que Ferdinand de Lesseps perce des Isthmes et que nos vaillant soldats arrosent de leurs sueurs et de leur sang cette terre de Chine, hier réfractaire à notre époque et demain peut-être notre alliée dévouée.

Deux capitaines français prodiguent en ce moment leur génie à l'aérostation dirigeable ; n'ont-ils pas aussi cette pensée commune et bien faite pour de telles âmes : La patrie et son sol.

Enfin, nos codes et nos lois favorisent et assurent les transactions, protègent nos propriétés et punissent les dépradations.

Sous telle face donc que l'on étudie le système d'économie publique on est forcé et obligé de reconnaître que la prospérité d'une nation dépend de la richesse et des produits de l'agriculture. Quel exemple incontestable, du reste, n'avons-nous pas eu sous les yeux en 1871 :

Nous venions de subir les évènements les plus écrasants, nous étions à un doigt de notre perte, les autres puissances nous croyaient anéantis pour jamais, on prononçait le mot *Pologne*, notre ennemi n'avait qu'une bien maigre confiance dans le recouvrement de l'indemnité de guerre qu'il nous avait imposée, il avait même pris à cet égard toutes ses précautions prévisionnelles en laissant partout de solides garnisons. Nous nous mîmes courageusement à l'œuvre du relèvement, et, à l'honneur de notre agriculture et de tous ses dérivés industriels et commerciaux, nous pûmes en moins de deux ans, reprendre notre place au concert des nations.

Il est vrai, d'ajouter que notre budget est en permanence à plus de trois milliards, mais soit! De ce budget nous en aurons facilement raison si nous savons adopter pour ligne d'économie publique :

TOUT POUR L'AGRICULTURE ET PAR L'AGRICULTURE !!!

IV

Les causes de la crise agricole actuelle sont nombreuses ; elles tiennent toutes à l'imprévoyance de l'Empire et à la situation qu'il nous a laissée.

Les causes capitales méritent brièvement une mention particulière.

DU LIBRE ÉCHANGE

On ne peut posséder les idées modernes sans être libre échangiste convaincu : mais à tout, la méthode et une étude profonde sont nécessaires.

L'étude du libre échange surtout devait être, au préalable, toute de comparaisons spéciales des produits, du commerce, de l'industrie et des besoins des puissances contractantes, ainsi que des prix différentiels des matières premières, de main-d'œuvre et de revient.

L'Empire ne s'est attaché que très imparfaitement à ces précautions élémentaires. Les nations avec lesquelles nous traitions avaient déjà étudié de longues dates les productions de la France. Elles savaient tous les avantages qu'elles devaient en retirer. Chez nous, le principe n'était encore qu'à l'état de l'idée conçue par les cahiers des Etats-Généraux.

Mais le libre échange prêtait à la popularité dont l'Empire avait immensément besoin en acquit de ses vices d'origine. D'abord il le rapprochait des cours étrangères, qui jusque-là l'avaient tenu en suspicion, de plus il ouvrait les portes et fournissait matières à nos nouveaux diplomates. En France il ramenait au Gouvernement une partie de la noblesse et du clergé par le mirage de grandes exploitations agricoles et la réédification possible des anciennes propriétés foncières.

Enfin les traités furent conclus, et qu'en advint-il? une inondation, en France, de produits étrangers que nous ne savions ni ne pouvions compenser. C'est ainsi que nous avons perdu nos belles races de moutons mérinos et avec elles nos belles étoffes de laines pures que nous exportions dans le monde entier : nous élevons maintenant pour la boucherie et non plus pour nos laines qui ont cessé d'être rémunératrices depuis cette époque. Nos froments sont constamment restés à un prix au-dessous de ce qu'ils nous coûtent. Nos vins, autrefois si estimés et si goûtés, ne servent plus qu'à l'empoisonnement général, grâce aux trafics scandaleux du commerce et ils sont un digne pendant aux boissons teutoniques qui ont envahi nos établissements publics. Pour tout dire en peu de mots : nous sommes à la remorque des étrangers pour l'écoulement de tous nos produits manufacturés.

Tel est le résultat de l'imprévoyant traité du Libre-Echange accepté par l'Empire. Ses vues étaient si courtes, qu'il n'avait même pas aperçu que les puissances qui nous avoisinent ne possédaient que de grandes exploitations agricoles et que le commerce et l'industrie n'étaient qu'aux mains des grandes fortunes; tandis qu'en France, au contraire, la production agricole reposait sur les petites exploitations et que le commerce et l'industrie sont entre les mains de tous. Que les premiers procédaient de la science et des méthodes économiques, et que nous, sans guide, sans préparations, comme sans instruction nécessaire, nous ne pouvions manœuvrer que de tâtonnements en incohérence.

On ne peut qu'approuver le Gouvernement actuel deproposer les droits dits : compensateurs, sauf à les diminuer ou même à les supprimer à mesure que nous progresserons dans la science du commerce, de l'industrie et dans notre éducation agricole : ces droits compensateurs, nous le répétons ne peuvent être que provisoires et transitoires, mais ils s'imposent et il est temps de les appliquer.

LOI DE 1850

La loi de 1850 sur l'enseignement libre, dite loi de Falloux, nous a été plus funeste encore que les traités du libre échange. Habilement combinée par les partisans de l'ancien régime, guettée et conduite dans toutes ses phases par la puissante société dont le siège est à Rome, elle se présentait comme trait d'union et compromis, en se parant du mot Liberté si cher aux Français, entre les esprits réactionnaires de toutes nuances au profit d'un gouvernement monarchique quelconque qui devait succéder à la République déjà chancelante par l'insuffisance du Corps Législatif et les fâcheuses dissensions jetées habilement dans le parti républicain.

Sous cette loi, votée avec l'égide de la soi-disant Liberté, le caractère laïque de l'instruction publique devait disparaître de nos écoles et de nos lycées. En effet, une véritable nuée de congréganistes sortie d'on ne sait où envahissait nos villes et nos communes, et nos instituteurs jusque-là si aimés des populations durent non-seulement supporter une fanatique concurrence, mais encore souffrir de nouvelles et impudentes autorités et plier sous l'exigence de programmes nouveaux ; c'étaient enfin les passions politiques qui présidaient à l'éducation comme à l'instruction de nos enfants. Dans un grand pays, une loi d'instruction publique doit avoir pour but de rapprocher les enfants, de leur apprendre dès le bas âge à s'aimer et s'unir et de leur enseigner les devoirs qu'ils auront à remplir, plus tard, envers la nation, comme ceux qu'ils se doivent mutuellement les uns aux autres pendant la vie : la loi de 1850 a donné, au contraire, pour résultat la division de ces mêmes enfants dès le jour de leur entrée à l'école et a préparé ainsi dans notre société deux catégories de citoyens absolument opposés les uns aux autres dans toutes les circonstances de l'existence. Une des conséquences de cette loi a été aussi le favoritisme dont profitaient seuls ou presque seuls les hommes bien pensants ou ayant été instruits dans les écoles congréganistes.

Aussi quelles terribles leçons !...

Thiers disait après Sadowa : « Ce ne sont pas les Allemands « qui ont remporté la victoire, mais bien le maître d'école ». Et pendant nos désastres, un autre tribun disait à l'égard de nos soldats : « Des lions conduits par des ânes ».

L'ABSENCE DE CRÉDIT PUBLIC AU PROFIT DE L'AGRICULTURE

Pour s'être épris du mot d'ordre « Faire grand », nos gouvernants sous l'Empire ne sont arrivés qu'à faire très-petit dans les diverses questions du crédit au profit de l'agriculture.

A cette époque comme aujourd'hui on pouvait diviser les agriculteurs en six catégories.

1° Les grands propriétaires exploitant par eux-mêmes leurs domaines ;

2° Les fermiers, cultivateurs libres des propriétés que leur louent les propriétaires pour une période convenue ;

3° Les fermiers à cheptel, qui sous de multiples combinaisons exploitent en intérêts communs avec les propriétaires;

4° Les nombreux petits propriétaires-cultivateurs ;

5° Les plus petits propriétaires plus nombreux encore, exploitant en outre, comme locataires, un lopin de terre plus ou moins considérable ;

6° Enfin les artistes en agronomie, établis près des grandes villes et qui cultivent les fruits, les fleurs, les primeurs, les arbustes et les pépinières.

Pour venir en aide à ces nombreux producteurs, on a institué le Crédit Foncier. Mais très promptement on s'est aperçu que ce Crédit ne pouvait réellement fonctionner qu'en faveur de la première catégorie, c'est-à-dire des propriétaires et que ceux-ci étaient très peu désireux de grever leurs immeubles, à moins d'impérieuses nécessités.

On a bien essayé du Crédit Agricole, mais sa base reposait sur l'ignorance absolue de nos besoins agricoles en matière de crédit public. Cette institution a dû liquider quelques années plus tard.

Le Crédit Foncier, lui-même, à défaut de prêts suffisants pour son existence et ses charges, vacilla ses opérations ; on le retrouve dans les finances Turques et Egyptiennes, en difficulté avec la Ville de Paris, etc., etc., et ce n'est que grâce à l'arrivée de son intelligent gouverneur actuel, qu'il est aujourd'hui en mesure de rendre de réels services, ainsi que nous le verrons plus loin.

LOI DE 1867

La loi du 24 juillet 1867, sur les Sociétés, dite loi Emile Olivier, a aussi miné la prospérité de l'agriculture et la tient encore par ses effets, dans de sérieuses souffrances.

Des manieurs d'argent ignorants, se sont emparés de cette loi et à l'aide de la facilité de constituer des apports, ils ont pu fonder une quantité prodigieuse de Sociétés plus ou moins financières et industrielles.

Dans toutes ces Sociétés, on ne saurait en trouver une seule mûrement étudiée au profit de l'agriculture. C'est toujours le mot à la mode : « Faire Grand » qui accomplit son œuvre.

Plus on voulait faire grand, plus le nombre des actions était considérable, et, proportionnellement plus le nombre d'actions libérées des apports était important, de sorte que les bénéfices devaient répondre à des charges écrasantes et inconsidérées avant de profiter à l'intérêt commun.

Sous l'influence de cette loi, les capitaux s'étaient tellement retirés de la propriété et de l'agriculture qu'ils n'étaient plus possible d'emprunter, quelles que fussent les garanties hypothécaires et la solvabilité du producteur.

En tout et partout ce n'était plus que le mot indigne d'une grande nation : « L'agio ».

C'est en vertu de cette même loi, que se fondait il y a quelques années cette fameuse banque « l'Union Générale ».

La façon dont les actions de cette société ont monté rapidement est encore un mystère. Toujours est-il qu'elles tentèrent le public et que lors de sa chute scandaleuse un grand nombre de maisons de crédit se trouvant surprises dans leurs intérêts durent sombrer. Ce fut alors une véritable débâcle financière où s'engloutit une grande partie de l'épargne publique.

Ce désastre, qui nous a été presqu'aussi funeste que la guerre de 1870, pèse encore d'un poids très lourd sur les affaires.

V.

Il y a un siècle, nos pères rédigeaient leurs cahiers aux fins d'arrêter les principales bases de l'humanité et d'asseoir une société nouvelle. A nous aussi, à la fin de ce siècle de luttes et de combats, il nous échoit de bien lourdes tâches.

Celle d'abord de réorganiser le travail par une révision mieux étudiée de notre législation et ensuite de liquider le triste héritage de l'Empire, c'est-à-dire une dette publique de dix-huit milliards et un budget annuel permanent de plus de trois milliards. A cet effet, préparons aussi les titres de nos cahiers, livrons-les à la discussion publique et échangeons résolument nos idées : nous possédons pour cela ce que n'ont pas les autres peuples : la liberté de parler et le droit de nous réunir ; profitons-en !

Deux grandes questions générales pèsent sur notre société française si laborieusement constituée :

Le Jésuitisme!
Et l'antagonisme entre le salaire et le capital.

DU JÉSUITISME

Le grand tribun de notre époque s'écriait au début de sa trop courte carrière : Le Cléricalisme, voilà l'ennemi!

Le mot cléricalisme, ni exact, ni heureux, a dû trahir sa pensée et il y a tout lieu de croire que c'est le mot Jésuitisme qu'il a voulu prononcer.

En effet le Jésuitisme est l'élément d'une société mystérieuse à l'étranger, ne relevant que de ses statuts inconnus et s'étendant sur tous les peuples qu'elle veut diviser et dominer; tandis que le cléricalisme désigne l'ensemble des clercs d'une religion reconnue par l'Etat. Ces clercs sont ce que les législateurs de leur pays les font, de mauvais citoyens s'ils sont menacés dans leur indépendance, ou de parfaits patriotes, lorsque libres, ils ne relèvent que de leur conscience.

Le mot impropre de Gambetta et la Presse depuis quelques années ont eu précisément pour effets de placer en défensive tout le clergé français dans les filets du Jésuitisme et de priver nos populations rurales surtout, de son concours républicain.

Ne nous y trompons pas, la majeure partie du Clergé français souffre cruellement de cette situation. (Depuis la Révolution, il faut bien considérer que les prêtres ne sont que des fonctionnaires salariés).

Que de choses intéressantes nous révèlerait le clergé, si un journal républicain lui ouvrait ses colonnes.

Autant donc par nos cahiers nous devons être implacables contre la société des jésuites et de ses menées, autant nous devons faire pour ramener le clergé français parmi nous.

A l'égard des jésuites :

Suppression de tous les couvents et de toutes les sociétés qui s'y rattachent.

Aliénation des immeubles sociaux à longs termes, de façon à les rendre acquérables par tout le monde ;

Paiement des dettes afférentes à ces immeubles et conversion du surplus des prix en caisse de retraite au profit des vieillards indigents ;

Modification de nos lois en toutes clauses portant atteinte à la libre hérédité ;

Abrogation de la loi relative à l'église des buttes Montmartre avec chapelles à Marie Alacoque et à St-Lâbre-le-Pouilleux, qui est une ironie et une insulte manifeste à la raison française, aussi bien que la glorification de l'ignorance;

Achèvement et destination de ce monument à des études de hautes sciences : au grand collège d'une langue universelle, par exemple, par les grands savants de tous les peuples.

Action diplomatique, d'accord avec les puissances catholiques, tendant à ce que le chef de la catholicité soit élu par tout le clergé, afin que ce chef soit lui-même libre, indépendant et respecté ; et surtout débarrassé aussi de l'étreinte de la société des Jésuites, dans l'intérêt de la concorde des peuples.

Enfin instruction exclusive de nos enfants dans les écoles et par les professeurs et instituteurs de l'État et, à cet égard, que l'on ne nous assourdisse plus de la prétendue liberté du père de famille. L'instruction est de droit par la collectivité représentée par l'État, et nous irions à l'anarchie en toutes choses, si les pères de famille se divisant en sectaires, selon leur situation sociale et leur fortune, avaient la liberté de faire instruire et élever leurs enfants comme bon leur semblerait.

Dans les longues et savantes discussions sur les lois de l'enseignement on a négligé de se livrer à l'étude des statistiques sur l'influence comparée entre l'instruction donnée dans nos écoles de l'État et celle enseignée dans les établissements congréganistes. Il serait absolument utile et nécessaire de savoir les proportions :

1° Des condamnés.

2° Des séparés de corps, avec les torts des uns et des autres;
3° Des malheureuses prostituées en cartes ou en maisons.
Pour peu que l'on observe nos défectuosités sociales, on est convaincu que ces proportions sont largement au désavantage de l'instruction reçue dans les congrégations, et on ressent les causes.

Il faut aux enfants des démonstrations qui frappent leur mémoire du beau et du bien; il est utile de détendre leur cœur et leur cerveau vers tout ce qui leur sera nécessaire dans la vie. Or le tort des instituteurs congréganistes est de surcharger la mémoire des enfants, d'enseignements mystiques, d'endolorir leurs jeunes intelligences par des lectures de piété. Lorsqu'ils grandissent, tout cela s'échappe et s'évapore, un vide se produit alors dans leur cerveau et selon le contact des personnes qu'ils approchent, ce vide se comble de toutes les insanités qui se produiront aux sens ou à l'imagination: en bas, ils deviendront des vagabonds; en haut, des incroyables, des gommeux, des pschutteux, les décavés du jeu et des cocottes; les uns et les autres tout aussi bien exposés aux rigueurs de la loi pendant leur jeunesse, qu'aux dépôts de mendicité sur leurs vieux jours.

En ce qui concerne le clergé français, recrutement des prêtres parmi nos officiers, sous-officiers et fonctionnaires retraités; après une retraite préparatoire d'une année, et à mesure des décès ou des démissions des prêtres actuels. Ces nouveaux prêtres à l'abri des passions humaines, par leur âge, jouiraient d'une très-grande considération dans nos campagnes.

Républicains de toutes nuances, nos frères, ce sont là, selon nous, les véritables parallèles stratégiques du siége à faire de la société des Jésuites. Nous sommes trop jeunes et trop faibles pour tenter l'assaut de sa formidable organisation par la séparation de l'Église et de l'Etat; une fois encore (il serait à le craindre tout au moins) la République y sombrerait Au surplus ne nous énervons pas sur cette question qui divise le parti républicain, nous avons mieux à faire.

DE L'ANTAGONISME ENTRE LE SALAIRE ET LE CAPITAL

Cet antagonisme date et est la conséquence de la première pièce de monnaie, il est donc impossible de le détruire immédiatement.

En l'état actuel de notre société, il faut bien en convenir il est tout-à-fait à l'état aigu et il est urgent de l'atténuer à la satisfaction conciliatrice générale.

Ce problème réside dans une nouvelle organisation du travail, par une entente absolue, ferme, soutenue, méthodique, étudiée et mûrie entre les ouvriers des villes et des champs et les producteurs.

Trève d'abord aux théories creuses, incohérentes et sans issues possibles, qui se déclament journellement dans les réunions publiques.

Notre décadence provient de ce que nous avons abandonné, sous la concurrence étrangère, le travail bien fait, bon, beau et conséquemment cher, pour nous laisser dominer par la camelotte à bon marché; cela est indiscutable. Eh bien! comme autrefois, livrons donc au commerce des produits bien faits, bons, beaux et chers, puisqu'ils étaient notre prospérité et la surélévation des salaires en découlera d'elle-même.

C'est aux ouvriers à tenir ferme et à cet effet, de solidement constituer leurs syndicats professionnels et leurs statuts du travail.

Ces statuts devront traiter :

Des matières premières à employer, autant que possible française ou provenant de nos colonies :

Des façons à donner et des moyens de fabrication pour que les produits soient toujours supérieurs sous tous les rapports ;

De la question des manipulations agricoles, dans les prisons, au lieu de travaux industriels ;

Des écoles d'apprentissage ;

Des conseils d'étude et de surveillance ;

Des voies et moyens pour garantir la provenance française par une marque de fabrique et le contrôle français ;

Des adhésions aux statuts par les producteurs, fabricants et marchands ;

De la publicité de ces adhésions ;

Etc., etc.

La loi sur les associations donne également aux fabricants, producteurs et marchands, le droit de s'unir dans un intérêt commun. Ils peuvent maintenant lutter avec de réels et sérieux avantages contre le gros capital en fondant autant de chambres commerciales que de produits fabriqués et manufacturés. En s'unissant pour établir de nouvelles institutions de crédit et des relations d'écoulements et d'échanges partout où la France est représentée, en créant des commissions d'études internationales et en fondant des écoles professionnelles d'apprentis.

Pour arriver à ces heureux résultats, un devoir urgent, très-urgent, s'impose au gouvernement et à nos législateurs, c'est celui d'exiger plus de savoir de nos consuls à l'étranger.

Nul ne devrait être consul, s'il n'est licencié en droit et s'il n'a été admis au concours sur le droit international.

Les secrétaires et attachés des consulats ne devraient être autres que des jeunes gens sortis des écoles des Arts et Manufactures, de l'Institut National Agronomique, des Arts et Métiers et des Hautes Études commerciales. Cette réforme a besoin d'être accomplie immédiatement, et elle devra figurer dans les programmes électoraux prochains.

Le gouvernement ne devra pas s'arrêter aux questions budgétaires pour allouer de larges traitements à nos consulats ainsi composés, car il y a là, que l'on ne le perde pas de vue, un placement à mille pour cent.

VI

Il est temps d'aborder les réformes nécessaires dans toute notre législation : celles ci-après, paraissent les plus urgentes.

Les décès d'inconnus et les formalités relatives aux constatations de l'absence, apportent trop souvent dans les familles des complications d'intérêts longues et coûteuses.

Chaque sujet français devrait être rigoureusement tenu de porter sur lui une pièce d'identité et cela sans nuire à sa liberté individuelle et à sa situation personnelle, c'est-à-dire que cette pièce d'identité serait inviolable jusqu'au décès. Chaque décès devrait être mentionné en marge de l'acte de naissance.

Un vigoureux coup de balai à la débauche publique par la suppression des maisons de tolérance et des filles soumises, est indispensable pour résoudre les questions si complexes de la recherche de la paternité, du divorce plus étendu et du mariage obligatoire.

La conscience publique et les lois naturelles de l'affection, sont choquées de la faculté qu'ont les pères de famille de disposer de la quotité dite : disponible, au profit de l'un ou de l'autre de leurs enfants ; cette disposition de la loi appliquée d'une manière générale au profit de l'aîné dans les départements du midi et de l'ouest, donne lieu sans cesse à la discorde et à la désunion des familles, ainsi qu'à des procès ruineux, elle est en outre une entrave à la transmission normale de la propriété foncière. Il y a lieu sous tous les rapports d'abroger les articles 913 et suivants du Code civil.

On ne saurait trop insister aussi pour l'abrogation du régime dotal. Sous ce régime la femme ne pouvant ni s'engager ni emprunter, il s'en suit qu'elle ne peut aider pécuniairement son conjoint aux améliorations du bien dotal et qu'il est impossible à celui-ci de se livrer au développement de l'outillage et des produits agricoles que dans la proportion de l'excédant des revenus sur l'existence et les charges : aussi les départements où ce régime est encore en pratique n'ont fait que très-peu de progrès en agriculture; ils sont comme frappés d'improductivité, les habitants en émigrent et les transactions immobilières y sont presque nulles.

Il est extrêmement difficile de modifier la loi en ce qu'elle touche le bail à cheptel, sans porter atteinte à la liberté du principe des conventions. Cependant il est nécessaire que ce dernier vestige des temps féodaux modernisé disparaisse, tout au moins par la pratique, sinon légalement.

Quelques observations à cet égard :

Si les départements contigüs à celui de la Seine sont les plus prospères et les plus riches, et si leur sol quoiqu'inférieur est d'une valeur plus élevée, cela tient à ce que depuis lontemps la culture y est libre et que les contrats de louage y sont ramenés à leurs plus simples expressions, celles de la chose affermée, de la durée et du prix. Les baux à cheptel au contraire sont soumis à une multitude de conditions qui entravent l'initiative du fermier; il ne peut se mouvoir, il est tenu à la volonté du propriétaire et aux rigueurs de son contrat. Aujourd'hui les propriétaires à cheptel jettent les hauts cris : « Nous ne trouvons plus de fermiers. — Les « ouvriers agricoles quittent les champs pour les villes. — « Nos terres vont devenir incultes. »

C'est votre faute, propriétaires, vous ne devez cet état de choses qu'à vous-mêmes et il ne tient qu'à vous de le faire cesser. — Ne soyez plus d'un autre âge et pliez devant les exigences de votre époque. Offrez comme les propriétaires de la Beauce, de la Brie et du nord de Paris, vos propriétés à cultures libres et pour des durées d'au moins quinze ans et ni les fermiers, ni les ouvriers et domestiques ne manqueront. Vous aurez en outre le quadruple avantage de ne plus vous occuper de vos exploitations, de recevoir vos fermages régulièrement, d'augmenter vos revenus et de posséder des immeubles d'une plus grande valeur. — Si vous doutez, donnez-vous la peine de comparer les cent mille cultures voisines du département de la Seine aux vôtres.

Les agriculteurs trouveraient une très-grande commodité à l'augmentation de leur matériel par une modification combinée du Code civil, en ce qui concerne le prêt et le privilège des propriétaires. Les industriels et les marchands livreraient avec une entière confiance, soit à titre de prêt avec intérêts, soit par vente ferme avec délais, si le privilège du propriétaire était établi comme suit :

1° Sur l'excédant des façons, labours, ensemencements, amendements aux champs, empaillements et fourrages à la ferme. Compensations faites avec ceux trouvés par le fermier en entrant en jouissance; 2° sur les récoltes; 3° sur les volailles et menus objets et ensuite en cas d'insuffisance, sur les bestiaux d'abord et, s'il y avait lieu, sur tout ce qui garnirait l'exploitation.

Les formalités hypothécaires et celles de purges légales sont trop compliquées: elles ont été modifiées en faveur du Crédit Foncier de France. Pour l'honneur de l'égalité devant la loi, il serait de toute équité que ces modifications fussent codifiées au profit du droit commun.

Il n'y a pas à s'arrêter au Code de procédure civile, tout le monde étant d'accord sur sa mise au pilon et son entier remaniement : mais de suite et sans plus tarder, il faut l'extension de la compétence des juges de paix, afin de rassurer les nombreux petits capitaux destinés aux besoins de l'agriculture.

Le titre des faillites (Code de commerce) a besoin de sérieuses réformes. Il serait utile surtout qu'un commerçant, pour ce motif qu'il a été protesté ou qu'il est momentanément gêné, ne soit plus à la merci d'un créancier acariâtre ou du premier agent d'affaires venu : il suffirait pour cela que la loi lui accorde le droit : 1° de réunir ses créanciers sous la présidence d'un membre de sa chambre syndicale et d'obtenir d'eux, soit atermoiement, soit concordat amiable, soit toutes autres conventions à la moitié plus une des voix et des deux tiers des sommes dues ; 2° de faire sanctionner les conventions intervenues par le tribunal de commerce. Dans ce cas, le débiteur ne serait atteint dans aucun de ses droits.

En tout état de causes, le tribunal de commerce ne devrait prononcer de faillite qu'après avis de la Chambre Syndicale du débiteur.

Enfin la société et l'État gagneraient beaucoup si les jeunes gens condamnés pour une première faute avaient des moyens plus étendus de se réhabiliter, que ceux établis au Code d'instruction criminelle. Il suffirait pour cela qu'ils fussent interrogés et moralisés à la fin de leurs peines par les magistrats et que pendant un délai déterminé ils s'engagent à se bien conduire et à travailler là où ils seraient demandés aux conditions spécifiées d'avance. Ce serait la meilleure des lois contre le récidivisme : l'agriculture surtout trouverait des bras qui lui manquent et souvent les industriels et les commerçants auraient l'occasion de bonnes actions, en s'attachant des sujets bien résolus à se soumettre à toutes les exigences sociales.

VII

Les questions qui en ce moment intéressent plus particulièrement l'agriculture sont :

L'égalité de tous devant le crédit public ;

La confection d'un outillage mieux approprié aux besoins de l'agriculture et l'instruction technique.

DE L'ÉGALITÉ DE TOUS DEVANT LE CRÉDIT

Nos financiers sont aux abois sur les voies et les moyens de faire profiter leurs capitaux, et les enfants d'Israël ne peuvent plus boursicoter que quelque peu sur le pourtour du temple de Plutus ; en un mot, depuis le désastre de l'Union Générale et l'effondrement successif de toutes les sociétés fondées sous l'Empire en vertu de la loi de 1867, ils ne peuvent plus s'orienter. C'est une génération d'esprits égoïstes qui s'en va et disparaît. Laissons-la liquider ses propres affaires, puisqu'elle ne sait faire mieux, nous nous passerons d'elle ; mais soyons de notre temps, unissons nos efforts et portons nos regards vers la propriété et l'agriculture, car c'est là qu'est la mine d'or de la France.

Les bases fondamentales de la prospérité en France sont le morcellement et la division de la propriété ; plus de trois millions de petits cultivateurs possèdent un petit lot de terre qu'ils désirent arrondir et autant encore n'aspirent qu'à pouvoir acquérir : c'est donc faire œuvre utile que de favoriser l'accessibilité de la propriété que l'on a négligé jusqu'ici. Il ne faut pour cela qu'égaliser le crédit à tous par le fonctionnement sérieux d'établissements financiers dans chaque département, correspondants du Crédit Foncier, de même que les principales maisons de banque sont correspondantes de la Banque de France.

Tel serait le moyen. Aussi souvent que l'acquéreur serait en mesure de payer de ses propres deniers, par exemple le tiers de la terre acquise, la maison départementale interviendrait pour désintéresser le vendeur ou ses ayants-droit du surplus, conformément aux articles 1249, 1250 et suivants du Code civil. Elle stipulerait ce surplus de prix payable par annuité, selon la demande de l'acquéreur, et émettrait ses obligations représentatives par le Crédit Foncier envers qui elle serait responsable.

Ces mêmes établissements départementaux pourraient

même payer le prix entier lorsque les acquéreurs consentiraient hypothèque sur d'autres immeubles. Enfin ils consentiraient aux mêmes conditions les prêts hypothécaires, et ici nous manifestons le désir de voir le Crédit Foncier renoncer aux prêts ruraux comme étant précisément une entrave à l'accessibilité de la propriété pour s'en tenir à la propriété bâtie, aux communes, départements, canaux, ports maritimes et s'étendre sur les navires, puisque maintenant nous avons une loi hypothécaire maritime.

Si la marine marchande française était aidée du Crédit Foncier de France, dans vingt ans elle serait la première du monde et l'agriculture, l'industrie et le commerce français ne redouteraient aucune concurrence étrangère.

Dans l'intérêt de l'accessibilité, nous sommes également opposés à la création du *papier monnaie hypothécaire* proposé en ce moment à la Chambre des Députés.

Mais pour arriver à ces résultats, il serait essentiel :

1° Que les dispositions de la loi au profit du Crédit Foncier, relatives aux formalités hypothécaires, de purges et de poursuites en expropriations fussent, nous l'avons déjà dit, de droit commun ;

2° Que les droits actuels de mutations de six francs quatre-vingt-sept centimes soient réduits à trois pour cent au plus, décimes compris. Le trésor, du reste, gagnerait à cette réduction par les transactions beaucoup plus nombreuses et indirectement par une bien plus grande production du sol ;

3° De diminuer les frais de contrat et de libération ou tout au moins de les unifier selon l'importance du prix, peu importerait que la mutation ait lieu à l'amiable ou aux enchères.

Pour de multiples raisons, l'agriculture ne peut s'accommoder d'échéances à ordre et aucun essai à cet égard ne saurait réussir.

L'Etat seul en ce moment, en attendant que nos législateurs aient révisé nos lois, peut venir à son aide par un moyen qui précisément rapporterait de nouvelles et importantes recettes au trésor. Ce serait de délivrer aux agriculteurs qui en feraient la demande définie et vérifiée, des billets monnaie dits agricoles, desquels une loi établirait le cours forcé, remboursables chez le percepteur des contributions, en un certain nombre de mensualités, y compris un intérêt de dix pour cent.

Il semble que l'Etat en diminuant d'autant la circulation des billets de banque pourrait ainsi avancer au moins deux cents millions par an. Ces deux cents millions et les vingt millions d'impôts seraient remboursés en quarante-huit mensualités. De sorte que par la compensation, il s'établirait un roulemement de quatre cents millions de billets agricoles, qui sans risque pour le trésor, lui rapporterait un impôt direct de quarante millions.

Le développement des affaires industrielles et commerciales qui découlerait de cette avance à l'agriculture serait considérable et de ce chef, le trésor, par les innombrables canaux qui affluent à sa caisse, recouvrerait en impôts indirects des sommes peut-être égales à celles avancées.

En terme agricole, ce papier monnaie serait un véritable ensemencement de revenus.

DE LA CONFECTION D'OUTILLAGE MIEUX APPROPRIÉ

Nos industriels aussi ont suivi le mouvement et les erreurs du temps, en ne fabriquant pour l'agriculture que de gros outils et comme spécimens les colossales distilleries et sucreries du Nord, les volumineuses machines à battre, à faucher et à moissonner de la Brie et de la Beauce et les encombrants agrès de la meunerie en tous pays; et pourtant lorsque l'on fait une découverte ou que l'on perfectionne une invention, c'est toujours par un tout petit modède que l'on opère d'abord; il paraît alors logique à tout industriel de n'étendre ce modèle que graduellement et d'en arrêter la plus grande fabrication là où elle doit le plus profiter; c'est-à-dire à la généralité des besoins et non à quelques-uns.

Les industries sucrières du Nord se plaignent en ce moment de la concurrence étrangère et s'en réfèrent à l'État, mais elles n'avouent pas les causes principales qui les placent à un rang inférieur quant aux méthodes de cultiver la betterave. A cet effet, répétons-le, en Allemagne, l'industrie sucrière est exploitée par de grands propriétaires sur de vastes propriétés qui permettent de choisir les terres, et par des domestiques à gages, tandis que dans le nord de la France elle s'exploite par des propriétaires et fermiers d'une superficie de terrain moins étendue, par des ouvriers à façon et à la tâche et surtout par l'achat de la betterave au poids chez les petits cultivateurs.

Les premiers procèdent donc par leur unique surveillance pratique et scientifique et conséquemment économique, alors que chez nous le travail à la tâche et à façon ne peut pas toujours permettre une surveillance assez vigilante, surtout au triage des plantes lors du binage. D'autre part nos petits cultivateurs qui vendent au poids, restent indifférents quant à la qualité et du tout, il s'en suit, que les frais généraux et les frais de fabrication de nos producteurs sont beaucoup plus importants que ceux des Allemands.

Cet état de choses n'existerait pas si l'outillage sucrier était tel que nos petits cultivateurs puissent le posséder et l'utiliser; travaillant alors pour leurs profits, ils s'appliqueraient à la reproduction des meilleures graines; lors du binage, ils sauraient parfaitement reconnaitre les plus beaux plants et cela ne fait aucun doute, ils ne redouteraient plus la concurrence étrangère.

Nos machines à battre les grains, nos faucheuses et nos moissonneuses sont de véritables bâtiments roulants. — Messieurs les industriels, réduisez-nous promptement ces outils et fabriquez-les de toutes forces, depuis celle d'un homme; vous y trouverez de beaux bénéfices par des ventes plus fréquentes, puis il y a urgence dans l'intérêt public.

On discute beaucoup en ce moment pour l'application nouvelle de la loi, non abrogée, sur la taxe du pain. Le retour de cette taxe serait une erreur absolue et une faute des plus graves tant au point de vue de la liberté commerciale et de la prospérité agricole, qu'à celui du bien-être de la classe laborieuse, ce serait en outre méconnaître les rouages de l'économie publique.

Il y a dans le commerce de la boulangerie, comme dans tous les autres commerces, une concurrence bien établie. Le pain y est de diverses qualités et son prix varie selon qu'il est vendu en boutique, dans les dépôts ou aux marchés. Le public a donc toute la facilité de l'acheter où bon lui semble et de telle qualité qui lui plaît; il serait donc attentatoire et inique d'obliger le boulanger d'un riche quartier, à l'angle de plusieurs rues, ayant souvent dépensé toutes ses ressources aux décors et à l'embellissement de son établissement, fabriquant du pain de choix par les ouvriers les plus habiles, à vendre son pain le même prix que son confrère établi au fond d'une rue d'un quartier laborieux, ce serait en outre niveler la panification et couper court tous progrès dans l'art de la boulangerie. Cette taxe n'empêcherait pas que les commerçants intermédiaires entre le producteur et le consommateur réalisent les mêmes bénéfices, et c'est sur l'agriculture que se refouleraient ces bénéfices par un nouvel abaissement du prix des blés déjà bien trop bas.

La taxe du pain apporterait-elle un allègement aux classes laborieuses? Non. Dix mille fois non! Il serait facile même de démontrer le contraire par une échelle de chômage comparée avec les prix du pain; il ne tarderait pas à être établi que lorsque les cinq cents grammes de pain valent quarante centimes par exemple, il n'y a presque pas de chômage dans les ateliers et dans les chantiers, et que les pertes de temps ne sont grandes et même inquiétantes que lorsque, comme aujourd'hui, le demi-kilogramme de pain ne vaut que quinze centimes : tant il est indéniable que les travaux et le commerce ne marchent bien qu'en raison des bénéfices que réalisera l'agriculture et pour cette raison le pain cher est celui qui coûte le moins.

Arrière donc cette théorie de la taxe du pain, et laissons tomber en désuétude la loi de 1791, qui avait sa raison d'être à cette époque mais qui n'est plus de notre temps.

Il est un autre moyen de rapprocher le prix du blé de celui du pain et ce moyen repose encore sur le perfectionnement de l'outillage agricole. Il faudrait procurer aux cultivateurs des moulins de toutes dimensions, toujours depuis la force d'un homme, de façon à leur permettre de vendre sur les marchés non plus leur blé, mais leur farine et de les affranchir ainsi du trafic allemand sur les issues, trop souvent mélangées de sciures de bois.

Allons! Messieurs les industriels, vivement à l'œuvre pour ce progrès absolument utile et nécessaire.

Il serait bien à désirer aussi que des sociétés se constituassent pour faciliter l'élevage. Les pays de plaines qui ont le plus de bestiaux, n'élèvent précisément pas, à défaut de pâturages et pour ce motif ils ne peuvent comme ils le désireraient augmenter leurs étables et d'autre part, dans les pays de pâturages, un grand nombre de petits cultivateurs n'élèvent pas autant qu'ils le pourraient, faute de ressources suffisantes. Or, les cultivateurs de plaines, s'ils étaient guidés pourraient parfaitement, par abonnements mensuels, donner à élevage aux petits cultivateurs de pâturages, leurs jeunes bestiaux, comme par exemple, les veaux femelles et les jeunes poulains. Cette solution se recommande particulièrement à l'étude de Messieurs les vétérinaires.

A l'étude aussi des viticulteurs et de nos savants agronomes la réfection de nos vignobles, le maintien du renom des vins français et le moyen d'arrêter net le trafic scandaleux des marchands, par l'addition au foulage dans les crûs trop faibles, d'alcools bruts provenant des raisins d'Afrique, exempts de tous droits.

DE L'INSTRUCTION TECHNIQUE

L'utilité de l'instruction technique agricole n'est plus à démontrer et ne se discute plus. Tout le monde ressent et aperçoit les immenses ressources que cette instruction procurerait à la France, mais on tâtonne et l'on perd un temps précieux sur les moyens de la procurer. Le gouvernement a bien fondé l'Institut National Agronomique, mais les admis y sont peu nombreux et ce ne sera encore que dans de longues années que les écoles normales des départements pourront avoir des professeurs et que les cultivateurs profiteront des savantes démonstrations de ces professeurs.

Le temps presse et des moyens plus prompts s'imposent à nos législateurs.

Il semble que l'on obtiendrait d'heureux résultats si nos instituteurs primaires pouvaient dès maintenant, dans la mesure de leurs connaissances, enseigner à nos enfants, dès neuf ou dix ans, l'agriculture pratique et théorique. Il suffirait pour cela que chaque école rurale fût pourvue d'un terrain divisé en autant de carrés qu'il y a d'élèves. Comme ces enfants seraient heureux d'enjoliver leurs petits carrés de tous les produits de la flore : et, comme ce qui est appris dans le jeune âge ne s'oublie pas, que de bras et d'intelligences s'attacheraient ensuite à l'agronomie au lieu de la déserter.

De là à une instruction plus étendue il n'y a qu'un pas. — Nous sommes arrivés au but de cette brochure.

VIII

La suppression de l'enceinte fortifiée de Paris et de sa zône de servitudes militaires donne lieu depuis quelque temps à de nombreuses études.

Dès 1882, M. Paul Boussard, avec une rare compétence traitait leur inutilité au point de vue stratégique et récemment, M. le général de Villenoisy démontrait la nécessité du déplacement des fortifications aux triples intérêts civils, militaires et financiers.

En fait et officieusement l'enceinte actuelle de Paris est sur le point de disparaitre, mais il n'y a rien de résolu encore sur la question de l'utilisation de l'emplacement de cette enceinte, et, à cet effet de multiples propositions sont à l'étude ou soumises à la discussion.

Nous proposons d'utiliser l'espace des fortifications et d'une partie de la zône à l'enseignement agricole technique et pratique de nos soldats et à préparer ainsi l'agronomie militaire pour notre grande solennité nationale : l'Exposition Universelle, centenaire de 1889.

Nous espérons sincèrement que toutes les propositions déjà émises se joindront aux nôtres pour les puissants motifs nationaux et d'intérêts publics ci-après :

C'est avec une attention soutenue que nous avons suivi M. Boussard dans tous les détails de la marche possible de l'ennemi depuis les frontières jusque sous Paris, et M. le général de Villenoisy sur la défense de la cité par les nouvelles fortifications; mais nous avons remarqué que ces Messieurs ne nous parlent nullement de la question capitale en cas de siège, de l'alimentation de Paris et de la population suburbaine, c'est-à-dire de trois, quatre et peut-être de cinq millions d'habitants.

Si l'on consulte l'histoire de tous les peuples et principalement celle de la France, c'est toujours par cette imprévoyance que les villes fortes sont tombées. Il est démontré que si Paris avait pu, en 1871, résister six semaines de plus, les évènements eussent complètement changé de face et qu'au lieu de subir une paix humiliante, nous eussions probablement chassé l'ennemi du territoire.

Nous sommes de ceux qui espèrent que la France travaillera désormais en paix : que les Belges et les Luxembourgeois reviendront prochainement à nous comme les Allobroges en 1792 et que par suite des évènements qui percent à l'horizon, notre limite naturelle du Rhin nous sera rendue par la grande puissance émancipée devenue notre sœur, c'est-à-dire l'unique Allemagne, s'étendant de la Baltique à l'Adriatique ; peu importe que l'émancipation de cette grande nation future provienne du nord ou du midi de cette partie de l'Europe. Mais il pourrait arriver aussi que nous ayons à nous défendre encore contre la vieille Europe coalisée; ce serait alors sur le foyer de la civilisation universelle que les efforts des armées alliées se combineraient : c'est-à-dire sur Paris.

Sous une telle éventualité un devoir s'impose au gouvernement, celui de mettre Paris en situation de vaincre par une résistance indéfinie et telle que le droit et l'humanité aient enfin raison de la force épuisée.

Pour une pareille résistance deux choses sont indispensables: l'alimentation suffisante et les locaux nécessaires pour l'emmagasinement de cette alimentation.

Le patriotisme de tous les Français, confiant dans les conventions de Genève sur le respect des propriétés, consisterait certainement de nos jours à faire le vide à mesure de l'envahissement de l'ennemi et à écouler tous les produits du sol sur Paris. Or tous les vides que comporte l'enceinte fortifiée actuelle sont merveilleusement situés et disposés pour recevoir ces produits par la Seine, les canaux, les lignes ferrées et le chemin de fer de ceinture.

Pour ce premier motif déjà nous sommes donc opiniâtrément opposé au démantellement complet de l'enceinte fortifiée, mais reconnaissant l'inutilité de cette enceinte au point de vue de la défense stratégique, nous en demandons tout simplement l'aplanissement et le nivellement tels que tous les vides qui subsistent soient scrupuleusement respectés.

Sur l'emplacement ainsi nivelé et aplani, des murs d'enceinte seraient établis, une promenade semée et ornée de distance en distance par des pelouses, des corbeilles de fleurs et des buissons d'arbustes, et sur le pourtour de cette promenade seraient plantés des arbres à fruits.

Sur les côtés divisés et subdivisés par des chemins et sentiers, on y cultiverait tous les produits ordinaires de la France.

Enfin pour satisfaire à tous les besoins énumérés aux diverses propositions à l'étude, il serait distrait du côté extérieur de la zone une largeur à déterminer telle qu'elle puisse être utilisée à des constructions et propriétés nouvelles pour l'agrandissement de Paris.

Il nous semble que le service militaire peut parfaitement se concilier par la distraction quotidienne d'un certain nombre d'hommes pour le travail que comporterait l'agronomie militaire sur l'emplacement des fortifications, surtout si l'on utilisait les hommes en punition aux grosses œuvres.

La question mérite une prompte solution, car il en découlerait d'immenses avantages.

L'armée de Paris pourrait presque se subvenir en fruits et en légumes sains et frais, ce qui constituerait une économie sensible sur le budget du ministère de la guerre.

Messieurs les officiers pourraient se procurer de ces fruits et de ces légumes à prix réduits, ce qui, pour eux, serait une compensation à leurs frais généraux, toujours plus grands à Paris qu'en province.

Les fils de cultivateurs qui composent l'armée dans une proportion de soixante-cinq pour cent, trouveraient tout un enseignement agricole et moins imbus de rester à la ville pour y végéter le plus souvent, ils seraient heureux de retourner dans leurs foyers appliquer les méthodes nouvelles qu'ils auraient apprises et aussi utiliser les connaissances techniques qui leur auraient été enseignées.

Ce serait l'occasion aussi pour nos industriels d'étudier le perfectionnement de tout ce qui peut intéresser l'agriculture, de se tenir au courant des découvertes nouvelles, de fabriquer de nouveaux outils et d'en démontrer le maniement et l'économie.

L'agronomie militaire avec ses promenades variées et toujours embellies, serait une attraction incessante pour Paris, la province et l'étranger et la cause d'une plus-value immédiate, importante, de la partie de la zone concédée à la propriété privée.

L'État trouverait les premiers éléments d'une étude économique qui lui permettrait de pouvoir, avant la fin du siècle, asseoir notre système financier vers toutes les solutions si impatiemment attendues, par l'économie de cinq ou six cents millions sur le budget du ministère de la guerre, car ici, nous avançons cette conviction hardie que l'armée doit pouvoir se suffire en tout et pour tout.

Lorsqu'il sera établi que la garnison de Paris récoltera tout ce qui lui sera nécessaire en fruits et en légumes sur l'unique superficie de l'ancienne enceinte fortifiée, les économistes et nos législateurs, seront amenés d'abord à demander l'exploitation des domaines nationaux par nos troupes et ensuite à composer nos régiments de toutes armes par profession. Nous aurions les régiments des cultivateurs qui seraient les plus nombreux, tout aussi bien dans la cavalerie que dans l'infanterie et l'artillerie, ceux d'étudiants, de tailleurs, de cordonniers, maçons, etc., etc., et des compagnies d'élites pour les artistes spéciaux. Tous travailleurs à tous les besoins de l'armée et comme conséquence à l'économie du budget comme à la prospérité du travail national.

Aux nombreuses critiques que ces propositions vont susciter, nous répondons : On l'a dit depuis longtemps, le mot impossible n'est pas français.

Joignez-vous à nous pour étudier et échelonner ces solutions et vous vous convaincrez.

Une nécessité sociale, toute française du reste, nous impose de nous livrer à cette étude, car nous serons obligés, pendant bien longtemps encore, de subir la loi militaire appelant nos enfants sous les drapeaux pendant trois ans au moins.

Durant ces trois années :

Les ouvriers perdent la main du travail.

Les fils des cultivateurs ne reprennent que péniblement la charrue et les travaux agricoles.

Les jeunes gens qui se destinent à des professions libérales et scientifiques oublient ce qu'ils ont appris.

Les uns et les autres sont pris d'un certain découragement et lorsqu'ils ne sont pas assez forts pour y résister, ils s'en vont par monts et par chemins et de ville en ville, s'enquérir d'une autre profession que l'ancienne, ou mendier des places. Ils auraient été des hommes laborieux et bons pères de famille sans le service militaire; ils ne sont plus, trop souvent, que des déclassés stériles à l'augmentation de la population, car généralement, à défaut de positions stables, ils restent célibataires.

Un tel état de choses ne saurait durer longtemps en France sans abaisser nos travaux industriels et agricoles et notre niveau intellectuel.

Il est donc d'une extrême urgence que non-seulement nos enfants continuent à étudier et à travailler de leurs professions au régiment, mais encore qu'ils puissent, les uns par les autres et par le contact, profiter de tous les enseignements professionnels.

Ne sommes-nous pas poussés, du reste, par ces problèmes financiers :

Diminuer nos charges.

Éteindre notre dette publique.

Cette dette de plus de dix-huit milliards est trop importante, nous comprenons tous qu'elle paralyserait notre action en cas d'évènements graves : elle tient en inactivité un trop gros capital au préjudice du roulement des affaires. En un mot une grande République ne doit pas avoir d'autre dette que celle qui est nécessaire à ses fonctions gouvernementales.

Ébauchant ici la question de dégrèvement :

L'État, comme nous l'avons dit, par une avance de deux cents millions de francs en papier monnaie au bénéfice de l'agriculture, réaliserait tant par l'impôt direct que par les multiples recettes indirectes une somme environ égale :

Soit. 200.000.000

Si l'armée par son travail subvenait à tous ou à presque tous ces besoins, le budget du Ministre de la guerre se trouverait diminué d'environ 500.000.000

Avant dix ans, si nous y tenions avec persévérance, le gouvernement pourrait diminuer les dépenses de son budget annuel d'environ 700.000.000

Il serait alors bien facile de se livrer à toutes les réformes utiles et tout d'abord d'accorder à notre société plus de philantropie et aux accidents et incidents de la vie, une plus grande solidarité. comme celle surtout d'assurer aux vieillards une aisance suffisante pour vivre sans la charité publique, par une caisse de prévoyance mieux comprise que celle actuelle.

Une bonne méthode économique commanderait donc avant tout :

1° La distraction, chaque année, d'une somme d'environ cent millions pour le rachat de la dette publique :

2° D'une somme égale à quinze ou vingt francs par naissance, laquelle avec les intérêts et les intérêts des intérêts successifs serait capitalisée également au rachat de la dette publique au profit des survivants à l'âge de cinquante-cinq ans pour les femmes, et de soixante ans pour les hommes, et décapitalisée ensuite à partir de ces âges jusqu'à extinction, suivant les tables de longévité humaine.

Si nos gouvernants adoptaient et exécutaient de telles dispositions dès notre grand anniversaire national, le vingtième siècle s'ouvrirait avec notre dette réduite d'un tiers déjà, et six milliards de francs alimenteraient l'agriculture, le commerce et l'industrie.

Du nombre maintenant des vétérans, nous avons voulu connaître l'impression que produirait nos idées à un jeune soldat, agronome d'avenir et de qui nous aurions voulu être aidé, sur nos indications, des plans et dessins de l'enceinte fortifiée de Paris convertie en agronomie militaire.

C'était un dimanche, la chambrée était presque au complet ; après lecture de ce manuscrit s'adressant à deux de ses camarades de la même classe, enfants du Finistère, il leur tint ce langage :

« Marquis, Vicomte, les lignes que je viens de vous lire « ne sont certes pas un modèle de littérature, je le reconnais, mais on y rencontre tout au moins l'observateur « ayant vécu au milieu des vicissitudes humaines, écrivant « comme il sait, ses pensées et ses désirs pour le bien public. « Il est suffisamment clair pour vous convaincre que notre « société française ne doit trouver son salut et sa grandeur « dans l'humanité que par tous pour tous, c'est-à-dire par le « choix temporaire de ses mandataires et non plus par la « délégation héréditaire à ce seul individu : le roi, même s'il « est idiot.

« Sous une monarchie ce penseur serait l'objet de vos « dédains et de vos sarcasmes et au moins mis à l'index de la « curiosité malveillante.

« Au fond, ce qu'il propose est réalisable et l'étude comme « la discussion n'ont plus qu'à prendre leur libre cours pour « des solutions définitives. En attendant il n'en ressort pas

« moins que tous, nous devons nous unir pour bien mériter
« de la fin de ce siècle si mouvementé et si laborieux.

« Questions d'éducation familiale et de préjugés, Marquis,
« que toutes ces rapsodies dont on vous a bourré l'intelli-
« gence.

« En venant au monde n'étions-nous pas égaux devant la
« nature.

« Aujourd'hui, soldats, ne sommes-nous pas animés des
« mêmes sentiments du devoir et du patriotisme. Par quelle
« déviation de la raison et quelle fanatique éducation vous
« et le vicomte vous sépareriez-vous de nous tous, pour re-
« tourner dans vos foyers continuer les mêmes erreurs que
« vos aïeux ? Ah ! dites-vous, nos châtelaines nous repous-
« seraient et nos parents nous maudiraient. Erreur ! erreur !
« Vos châtelaines se fatigueraient promptement de n'être
« plus que des tantes à successions et vos parents s'empres-
« seraient de revenir à vous lorsqu'ils vous verraient mettre
« à profit l'enseignement agricole reçue au régiment par la
« mise en valeur de vos terres jusqu'ici improductives et
« souvent incultes, et qui seraient si fertiles si elles étaient
« cultivées comme celles des départements du centre.

« En boudant plus longtemps la Révolution par une exis-
« tence inactive, vous diminuez vos forces physiques et vous
« risquez le rabaissement intellectuel de votre postérité. Ne
« voyez-vous pas déjà que vous êtes les plus faibles de la
« compagnie? Comparez-vous à nous tous, sous ce rapport.
« Tenez, Jeannot, ce fils de cultivateur de la Brie, avec
« quelle souplesse il fait du trapèze ; et Jean le Beauceron,
« comme il manie les altères. Quel fardeau ne porterait pas
« Caronsac, ce naturel du Cantal. Voilà Jâteau, le Niver-
« nais, qui joue avec son fusil comme s'il n'avait qu'une
« baguette entre ses doigts. — Voici Madier le Parisien, dit
« le Communard ; il amusera la chambrée ce soir avec une
« racine dont il est en train de faire une pipe des plus bur-
« lesques. — Il vous effraie par son langage ce soi-disant
« communard, mais il ne ressent un traitre mot de ce qu'il
» dit, c'est le bavard de l'atelier qui débite faux pour qu'on
« lui apprenne le juste. Au fond en est-il un d'entre nous

« ayant un meilleur cœur ? Que quelqu'un des nôtres soit en « péril, il risquera sa vie pour le secourir.

« Mais voici nos camarades Harondec, Limonec et Malon-« donel, Bretons, comme vous, Marquis. Ils ne savent ni « lire ni écrire, c'est à peine s'ils comprennent le français « et, chose aussi honteuse pour ceux qui administrent vos « communes et représentent vos départements, que pénible « à nous de le constater, ils sont arrivés ici avec des poux. « Comme cela est fraternel en l'évangile de la part de vos « légitimistes, ces soi-disant gardiens de la foi de nos pères « et de la charité chrétienne. — Ils osent encore tenter une « restauration monarchique et dans ce but former des comités « électoraux. En réponse à leurs efforts d'agonisants que « de vaudevilles pour l'hiver prochain seront livrés à la « vieille gaieté française !...

« Les ronces et les bruyères couvrent encore leurs terres « et ils ne peuvent comprendre pourquoi les départements « les plus républicains de France sont ceux des plantureuses « moissons et d'abondants produits.

« Les chemins de leurs propriétés ne sont que fondrières, « ornières, et ils ne voient pas nos nombreuses et belles routes.

« Nos sols sont partout assainis, ce ne sont dans les leurs « que flaques d'eaux stagnantes et croupissantes.

« La vapeur et l'électricité passent sous leurs fenêtres : « ils regrettent les signaux lumineux de clocher à clocher, « les traîneaux, les pataches et les chaises à porteurs.

« Chaque jour la science apporte une découverte et un « progrès : ils restent avec leurs livres d'heures et leurs « grimoires.

« A tous nos désirs de concorde et de conciliation par la « discussion et les démonstrations scientifiques, ils rêvent « de nous opposer la chouannerie.

« A l'esprit de Rabelais, Molière, Voltaire et de Victor « Hugo qui anime les Français : ils répondent par celui « d'Ignace de Loyola.

« Tout leur bonheur est d'être gradés dans la compagnie « des jésuites : — Pauvres pygmées ! ils ne savent même « pas qu'ils n'en sont que les valets et les bedeaux.

« Vous ne serez plus avec eux, Marquis et Vicomte :
« Sans doute nous ne pourrons pas, pendant le temps de
« notre service, profiter de l'enseignement de l'agronomie
« militaire, mais comme j'ai l'avantage de posséder quelques
« connaissances en agriculture, lorsque nous quitterons le
« régiment, j'irai vous voir pendant quelques jours, lever
« les plans de vos domaines, vous marquer le curage de vos
« fossés et des terrassements. Je vous montrerai à débrous-
« sailler et amender vos prés, labourer vos jachères, irri-
« guer et drainer vos terres humides, choisir vos bestiaux,
« dégarnir vos futaies, espacer vos taillis par année, déro-
« quer vos bruyères, etc. De retour moi-même dans mes
« foyers, je vous enverrai un bon chef de culture pour vous
« aider. Tous les ans, je viendrai ouvrir la chasse avec vous,
« et ensemble heureux : vous d'avoir remplacé la misère,
« la désolation et l'ignorance de votre pays par la vie, l'ai-
« sance, la santé et l'instruction, et moi de vous avoir ar-
« raché à votre ancien état social morbide ; en élevant nos
« verres nous crierons :

« Vive la France !
« Vive la République ! »

C'est ainsi que l'agronomie militaire rapprochant toutes les classes de la société à une époque très prochaine réduirait à néant toutes compétitions monarchiques en France.

Il serait très regrettable que nos propositions ne soient pas prises en considération. Aussi nous insistons de tout notre patriotisme pour la nomination d'une commission d'études et d'éxécution.

En 1792, Carnot savait utiliser toutes les forces vives et les ressources de la France contre la coalition de l'Europe et la guerre civile. Nous avons confiance un siècle plus tard, dans l'arrivée d'un semblable génie pour organiser définitivement le travail national, devant lequel nos ennemis séculaires mettront également bas les armes ; aussi, disons-nous à nos mandataires :

A l'œuvre ! en avant ! en avant !

Paris, Imp. A. Halphen, 10, passage du Saumon

www.ingramcontent.com/pod-product-compliance
Lightning Source LLC
LaVergne TN
LVHW012005160826
845678LV00002B/691

* 9 7 8 2 3 2 9 6 7 5 2 1 3 *